AF460673

EXPERIENCES

ET

REFLEXIONS

Relatives au Traité de la Culture des Terres, publié en 1750.

EXPERIENCES

ET

REFLEXIONS

Relatives au Traité de la Culture des Terres, publié en 1750.

Par M. DUHAMEL DU MONCEAU, de l'Académie Royale des Sciences, de la Société Royale de Londres, Inspecteur de la Marine dans tous les Ports & Havres de France.

Avec Figures en Taille Douce.

A PARIS,

Chez HIPPOLYTE-LOUIS GUERIN, rue Saint Jacques, à S. Thomas d'Aquin.

M. DCC. LI.

Avec Approbation & Privilége du Roi.

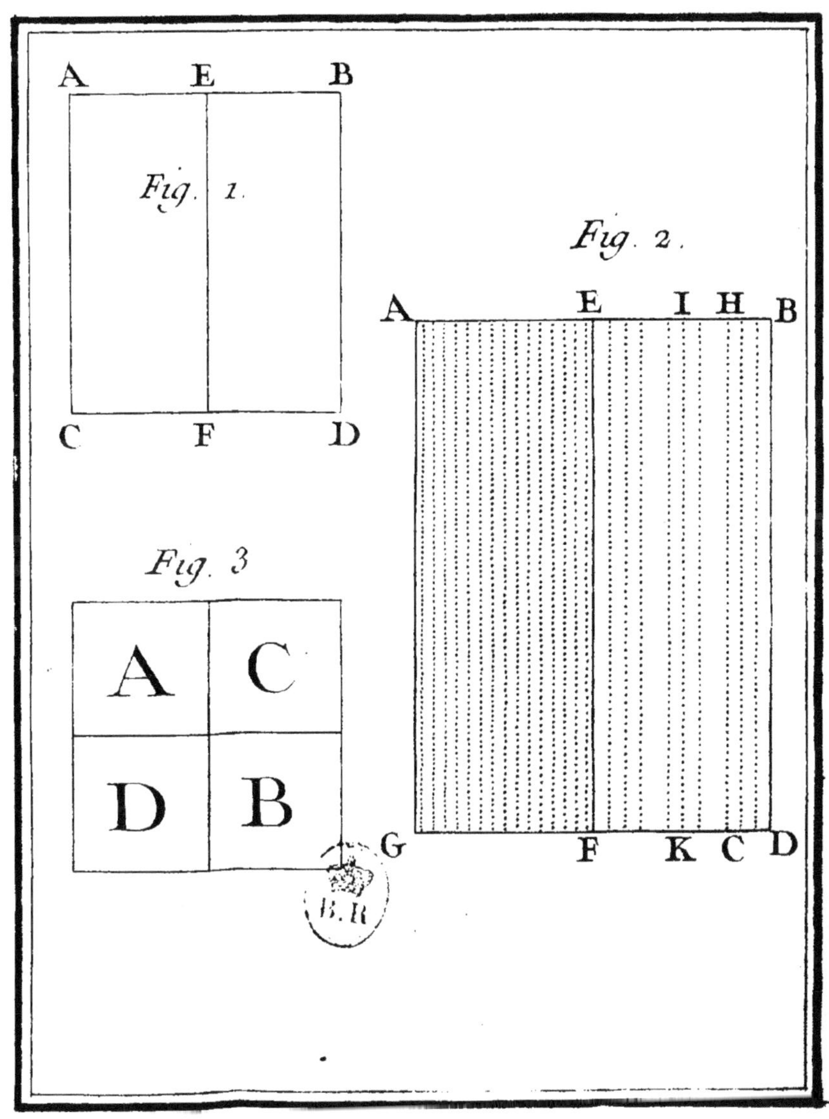
A E B
Fig. 1.
C F D
Fig. 2.
A E I H B
G F K C D
Fig. 3
A C
D B

EXPERIENCES

ET

RÉFLEXIONS

Relatives au Traité de la Culture des Terres, publié en 1750.

Par M. DUHAMEL DU MONCEAU.

L'ACCUEIL que le Public a paru faire au Traité d'Agriculture que je publiai l'année derniere, & l'intérêt que Monsieur le Controlleur Général a bien voulu prendre à cet ouvrage, sont des motifs assez puissans pour me déterminer à rendre compte des épreuves que j'ai faites sur la nouvelle Culture des Terres; quand même je ne m'y ferois expreffément engagé dans la Préface de mon Ouvrage.

Une partie de nos terres fe deftine à la production des grains, & fe trouve cultivée par des Fermiers ou Laboureurs qui font valoir des fermes de 90 ou 100 arpens par fol. La prudence ne permettoit pas de faire des effais fur des objets auffi confidérables; l'exécution même en auroit été impoffible, fans les femoirs & les autres inftrumens d'agriculture dont il eft parlé dans mon ouvrage : j'ai donc cru qu'il falloit travailler en petit pour s'affurer des avantages de cette nouvelle culture, avant de fonger à fe pourvoir d'inftrumens qui font affez chers, & qui ne feroient d'aucun ufage fi la nouvelle culture des terres n'étoit pas auffi avantageufe que la théorie fembloit le promettre. D'ailleurs mes vûes étoient fecondées par la propre diſpoſition de notre province dont les terres qui ne ſont point en ferme, forment de gros vignobles dans leſquels il y a quantité de petits lots qui ſont cultivés par différens particuliers.

Chacun d'eux tient du Seigneur, à cens, à rente, ou à bail, huit à dix arpens de terre, dont trois ou quatre ſont plantés en vignes; le ſurplus produit le grain qui lui ſert à nourrir ſa famille une partie de l'année.

Comme les Vignerons n'ont point de chevaux; partie d'entre eux fait labourer ſes terres à grain par des fermiers qui prennent ſix livres par arpent pour chaque façon; l'autre partie la plus nombreuſe laboure elle-même ſes terres à bras. On eſt même forcé de prendre ce parti, lorſque les terres ſont enclavées dans les vignes qui refuſeroient le paſſage aux chevaux & aux charrues.

Les Vignerons cultivans leurs terres à grain avec la houe ou la marre, n'ont besoin d'aucune espece de charrue pour disposer leurs terres à recevoir du froment, ni pour labourer les plates-bandes pendant que le froment est en terre : le semoir absolument nécessaire à un fermier qui auroit à ensemencer 90 ou 100 arpens de terre, seroit même inutile à un Vigneron qui n'a qu'un, deux ou trois arpens de terre à mettre en froment ; un enfant qui répandra quelques grains derriere la personne occupée à donner la derniere façon, tiendra lieu du semoir pour une petite exploitation.

Nous allons montrer combien la nouvelle culture est avantageuse aux petits lots de terre : s'il y restoit quelques inconvéniens, ce ne seroit que pour les grosses fermes.

Je ſuppoſe qu'un Vigneron ait trois arpens deſtinés à produire du grain ; il n'a chaque année qu'un arpent qui lui ſoit utile ; car en ſuivant la culture ordinaire, il eſt forcé de diviſer ſes trois arpens en ſols ou ſaiſons : un arpent lui rapporte du froment qui ſert à la ſubſiſtance de la famille ; un autre arpent ne lui rend que de l'avoine ou d'autres menus grains peu utiles au Vigneron qui n'a pas, comme le Fermier des chevaux à nourrir ; & s'il vend ſon avoine, elle ne lui tiendra lieu que du tiers du froment qu'il aura recueilli dans ſon autre arpent. Enfin, le troiſieme arpent étant en jacheres, ou guérêts, ou en repos, ſera cultivé cette année en pure perte. Par la nouvelle culture ce payſan triplera ſon revenu, puiſqu'il aura tous les ans trois arpens de froment à recueillir : ce motif d'intérêt engagea nos Vignerons à ſuivre mes conſeils; & comme d'un autre côté je trouvois beaucoup de facilité à leur faire exécuter mes expériences, j'achevai de lever toutes les difficultés, en leur promettant un dédommagement ſi le ſuccès ne répondoit pas à mon attente.

Je vais rendre compte de deux expériences qui ont été ſuivies avec beaucoup de ſoin ; une ayant été faite ſous nos yeux à Denainvilliers, terre qui appartient à mon frere, & l'autre à Acou ſous les yeux de M. de Saint-Hilaire, Seigneur de ce lieu, & notre voiſin.

Pour faciliter la comparaiſon du produit, je raiſonnerai ſur une étendue de deux arpents à cent perches pour arpent, & vingt-deux pieds pour perche.

Cette piece *A B C D* (*Fig.* 1.)

en plein champ, étoit labourée à l'ordinaire dans toute ſon étendue, comme pour recevoir le froment; on la ſépara en deux parties égales par un ſillon *EF*. Il fut dirigé de façon que la terre des deux arpens étoit d'une qualité tout-à-fait pareille; car il eſt très-ordinaire qu'une même piece de terre, même fort petite, ſoit beaucoup meilleure par un bout que par l'autre.

Un arpent *AEGF* (*Fig*. 2.) fut ſemé à l'ordinaire avec 10 boiſſeaux de grain ſec peſant 210 livres, qui rendirent 12 boiſſeaux de ſemence, peſant 252 livres, après avoir été *chotté*, c'eſt-à-dire, paſſé dans l'eau de chaux.

L'autre arpent *EBFD* fut ſemé ſuivant la nouvelle méthode, c'eſt-à-dire, qu'on laiſſa au bord de la piece deux pieds de terre ſans la ſemer, enſuite on ſema trois rangées de froment *CH* qui occupoient deux pieds de largeur, puis on laiſſa quatre pieds de terre ſans y mettre de ſemence, enſuite on ſema encore trois rangées de froment *IK*, & on continua ainſi dans toute l'étendue de l'arpent.

Comme on n'avoit ſemé les grains dans les rangées qu'à 4, 5 ou 6 pouces les uns des autres, 4 boiſſeaux ou 84 livres de froment chotté avoient été plus que ſuffiſans pour enſemencer cet arpent, & le propriétaire avoit déja économiſé 8 boiſſeaux ou 168 livres de froment qu'il auroit mis en terre, s'il avoit ſuivi l'uſage ordinaire.

Pendant tout l'hyver & le printems, cet arpent étoit ſemé ſi clair qu'il reſſembloit plutôt à un guérêt qu'à une terre enſemencée, au lieu que l'autre arpent étoit verd comme un pré.

Nous allâmes au printems viſiter les rangées, & nous fîmes arracher ſéverement tous les pieds de froment qui étoient plus près les uns des autres que de 4, 5 à 6 pouces; on imagine bien que le Vigneron ne ſe prêtoit qu'à regret à ce retranchement. Cependant il ſe rendit, & donna aux plates-bandes le premier labour depuis que le fromenr étoit en terre.

Ce labour fit des merveilles, le froment devint d'un verd très-foncé; il pouſſa de grandes feuilles, & il talla beaucoup, de ſorte que vers la mi-Mai on ne voyoit plus la terre entre les rangées, & le froment étoit plus élevé que celui du champ, qui en comparaiſon paroiſſoit d'un verd jaunâtre. Quand le froment des rangées commença à monter en tuyau, il avoit preſque une fois plus de hauteur que celui du champ, & alors on donna un second labour aux platte-bandes.

Si vers ce tems-là nous arrachions dans le champ quelques-uns des plus beaux pieds de froment, nous obſervions que chaque grain n'avoit produit que 2, 3, & rarement 4 tuyaux capables de produire des épis. Beaucoup de grains n'avoient même fourni qu'un ſeul tuyau, dont pluſieurs étoient très-foibles, & paroiſſoient devoir être étouffés par les autres.

Dans les rangées au contraire chaque grain avoit produit 8, 12, 15 ou 20 tuyaux preſque tous forts & capables de produire de gros épis.

Le champ étoit tout épié, ſans qu'on apperçût aucun épi dans les rangées où néanmoins le froment étoit fort élevé, & toûjours d'un verd très-foncé.

Enfin le froment des rangées épia, & on lui donna le troisieme labour ; il continua de s'élever beaucoup en épiant ; il fleurit & défleurit à merveilles : mais il étoit encore fort verd quand il survint des chaleurs vives qui le firent jaunir & mûrir subitement, quoiqu'il dût encore beaucoup profiter.

Sans ces grandes chaleurs il n'est pas douteux que la récolte n'eût été meilleure ; cependant le grain contre toute apparence, n'a point été échaudé ; il s'est même trouvé plus gros & mieux nourri que celui du champ.

Tout ce que je viens de dire est commun aux deux expériences. Le froment a été semé à Acou comme à Denainvilliers ; les labours ont été donnés dans les mêmes circonstances ; le progrès des grains semés suivant la nouvelle méthode, ou suivant l'ancienne, a été pareil ; enfin l'accident des chaleurs vives a précipité la maturité du froment des rangées à Acou, comme à Denainvilliers. Il y eut ſeulement quelque différence dans la maniere dont on opéra aux deux endroits. C'eſt pourquoi j'en rendrai compte ſéparément.

Suite de l'Expérience de Denainvilliers.

LA partie du champ cultivée & enſemencée à l'ordinaire avoit été très-bien fumée, & l'autre partie cultivée ſuivant la nouvelle méthode ne l'avoit point été ; cette différence en devoit faire entre les produits. Comparons-les enſemble.

L'arpent cultivé ſuivant la nouvelle méthode a produit 284 gerbes, l'arpent cultivé à l'ordinaire a produit 476 gerbes : il eſt bon de faire remarquer que la différence du fourage, n'eſt pas comme le nombre des gerbes ; parce que la paille des rangées étoit beaucoup plus longue que celle du champ.

L'arpent cultivé ſuivant la nouvelle méthode a produit 70 boiſſeaux de gros froment ou 1470 livres.

L'arpent cultivé à l'ordinaire a produit 98 boiſſeaux de froment plus menu ou 2058 livres.

Ainſi le champ cultivé à l'ordinaire a produit 28 boiſſeaux ou 588 livres de plus que les rangées ; mais il faut ſe ſouvenir, qu'on n'a employé que 4 boiſſeaux ou 84 livres de froment pour enſemencer les rangées, au lieu qu'on a employé 12 boiſſeaux ou 252 livres, pour ſemer le champ ; il eſt donc juſte de diminuer ſur le produit du champ 8 boiſſeaux ou 168 livres & alors le produit du champ n'excedra celui des rangées que de 20 boiſſeaux ou 420 livres.

Mais le champ avoit été fumé avec 8 charetées de fumier qui coutent à bon marché 2 l. 10 ſ. la charetée, ce qui fait 20 livres qu'on a depenſé pour le fumer : le prix du fumier revient à 20 boiſſeaux de froment, année commune, & la récolte des rangées eſt deja au moins auſſi avantageuſe que celle du champ. Conſidérons à préſent ce parallele ſous un autre point de vue, qui fera appercevoir un avantage bien réel & beauconp plus conſiderable.

L'arpent cultivé à l'ordinaire ne peut produire en trois années qu'une recolte & un tiers de froment, parce que la recolte d'avoine n'eſt eſtimée que le tiers de celle du froment; dès lors le produit de trois années ne ſera que de 130$\frac{2}{3}$ boiſſeaux ; au lieu que l'arpent cultivé ſuivant la nouvelle méthode fournit trois récoltes de froment, qui étant ſuppoſées pareilles à celle de cette premiere année produiront 210 boiſſeaux pendant les mêmes trois années, ce qui augmente la récolte de plus d'un tiers ſans compter l'économie du fumier; & par l'épargne qu'on fait ſur la ſemence, les 12 boiſſeaux qu'on auroit employé pour ſemer un arpent à l'ordinaire, ſont plus que ſuffiſans pour ſemer les trois arpens ſuivant la nouvelle méthode. Je ne ſouſtrais point encore du produit de l'arpent cultivé à l'ordinaire, l'avoine qu'on auroit conſommé pour ſemer un arpent, elle équivaudroit cependant à 4 boiſſeaux de froment.

Suite de l'expérience faite à Acou.

DANS cette experience toute la terre avoit été fumée, celle des rangées comme le champ.

L'arpent cultivé ſuivant la nouvelle méthode a produit 150 boiſſeaux ou 3150 livres.

L'arpent cultivé à l'ordinaire a produit 133$\frac{1}{3}$ boiſſeaux, ou 2800 livres. Ainſi la recolte des rangées a ſurpaſſé celle du champ de 16$\frac{2}{3}$ boiſſeaux, ou 350 livres; ce qui fait $\frac{1}{8}$ de benefice, à quoi il faut ajoûter 8 boiſſeaux qu'on a œconomiſé ſur la ſemence, le benefice ſera donc de 24$\frac{2}{3}$ boiſſeaux, ou 518 livres; & en examinant le produit des trois années, on trouvera que l'arpent cultivé à l'ordinaire ne produira que 177$\frac{7}{9}$ boiſſeaux, au lieu que l'arpent cultivé ſuivant la nouvelle methode produira dans les trois années 450 boiſſeaux. Ainſi ſans avoir égard à l'économie qu'on fera ſur la ſemence de l'avoine, on aura dans les trois années 272$\frac{2}{9}$ boiſſeaux de benefice qui équivalent preſque

à

à deux fois le revenu total de l'arpent cultivé à l'ordinaire.

Nos Vignerons ont bien apperçu l'avantage qui leur en reviendroit, puiſqu'ils ne ſe ſont pas contentés de continuer à cultiver ſuivant la nouvelle méthode la même terre ſur laquelle ils avoient receuilli du froment, mais ils ont encore ſemé par rangées d'autres pieces de terre qu'ils ſe propoſoient de mettre en froment; & ils eſperent en 1751 une meilleure récolte qu'en 1750, parce que leur terre eſt bien mieux préparée; car outre les trois labours qu'ils ont donné à bras à leurs plattes bandes, ils leur ont fait donner deux labours à la charrue; un immédiatement après la moiſſon, & l'autre en ſemant. Si le public continue à s'intéreſſer à ces ſortes d'expériences, j'aurai ſoin de lui faire part des ſuccès de la prochaine récolte.

Comme c'eſt un grand défaut au froment que de verſer avant la maturité du grain, j'ai inſiſté dans mon ouvrage ſur les cauſes de cet accident, & j'ai dit, page 216, que *ce n'eſt pas le poids de l'épi qui fait verſer le froment. Quand la paille ſera groſſe & ferme elle ſoutiendra ſon épi quelque chargé de grain qu'il puiſſe être ; mais pour que la paille acquere cette force, il faut qu'elle ſoit frappée par l'air & par le ſoleil, & que la plante ait toujours ſuffiſamment de nourriture tant qu'elle eſt en terre.*

On voit qu'en ſuivant la culture ordinaire, chaque plante a peu de nourriture, la paille reſte menue, & comme les tuyaux ſont fort ſerrés les uns contre les autres, le pied qui eſt toujours étouffé & à couvert du ſoleil, eſt tendre & très-fragile ; mais par la nou-

velle culture, tous les pieds de froment recevant pendant tout leur accroissement beaucoup de nourriture, & étant continuellement exposés à l'air & au soleil, la paille devient grosse & assez ferme pour soutenir ses épis.

On est obligé de convenir que le froment qui a crû dans une terre très-fumée étant devenu fort haut, est plus sujet à verser que celui qui est plus bas; mais cet accident vient de la foiblesse de la paille, & non du poids de l'épi; car tous les jours on voit sur les vignes & ailleurs des touffes de froment qui étant isolées, sont moins sujettes à verser, que celles qui sont au milieu d'une grande piéce.

Malgré ces observations il étoit bon de s'assurer si le froment cultivé suivant la nouvelle methode étoit plus exposé à être versé que l'autre. J'y ai prêté une singuliere attention, & j'ai vû avec plaiſir à Acou que quoiqu'il y eût aux environs du champ d'expérience beaucoup de froment de verſé, celui des rangées ne l'étoit pas malgré la longueur de ſa paille & la groſſeur des épis qui étoient très chargés de grain.

L'expérience a donc juſtifié les conjectures que j'avois avancées dans mon ouvrage, & on peut eſpérer qu'en ſuivant la nouvelle methode on ſera moins exposé à cet accident qui nous prive quelquefois d'une partie de nos meilleures récoltes.

Je voudrois en pouvoir promettre autant pour le froment charbonné; mais il y en avoit dans les rangées & dans le champ à peu près une égale quantité: il eſt vrai qu'il en eſt peu reſté dans le grain des rangées, parce qu'au moyen des plattes-bandes les Vignerons l'arrachoient ſans endommager le bon grain.

Le Vigneron d'Acou voyant que nous fondions presque toutes nos espérances sur les labours qu'on donnoit au froment pendant qu'il est en terre, & sur ce qu'on laissoit à chaque grain assez de terrain pour étendre ses racines & ramasser beaucoup de nourriture, imagina de faire une expérience qui lui paroissoit bien propre à s'assûrer de la justesse de nos raisonnemens.

Il profita d'un grain d'orge qui étoit levé par hasard dans sa vigne; & au lieu de l'arracher comme les autres herbes, il se proposa de le cultiver avec soin. Ce grain, disoit-il, est isolé, il pourra étendre ses racines de toutes parts, il est dans une bonne terre, la plante ne manquera pas de nourriture; en joignant à ces avantages les labours fréquens, ce pied d'orge doit suivant les principes de la nouvelle culture faire un progrès ſurprenant. Ce raiſonnement étoit juſte & a été juſtifié par l'expérience, puiſque ce ſeul grain d'orge a produit 200 épis & environ trente petits tuyaux qui n'avoient point d'épis : quelques-uns des plus beaux tuyaux avoient 4 pieds de longueur, & la plupart en avoient 3. Je comptai les grains d'un épi de moyenne grandeur, il en contenoit 24, ainſi un ſeul grain mis en bonne terre & bien cultivé a produit 4800 grains ; & ce ſeul pied d'orge dont j'ai conſervé la paille forme une petite gerbe.

Cette expérience juſtifie une propoſition que j'ai avancée dans la préface de mon ouvrage, ſçavoir que ces grandes multiplications qu'on vante ſi fort dans les maiſons ruſtiques, & qu'on attribue a des infuſions qui développent les germes, dépendent plutôt de la bonne culture, de la nature de la terre, & de ce que les grains étoient isolés ; néanmoins comme il est toujours bon de pouvoir opposer expérience à expérience, je fis l'hyver dernier infuser de bon froment dans du jus de fumier auquel j'avois joint des sels lixiviels, du nitre & du sel armoniac, je semai avec ce grain deux planches de potager, *A B*, (*Fig.* 3.) labourées à la beche ; mais dans une de ces planches *A*, le froment étoit semé fort dru, & dans l'autre *B*, il étoit fort clair. Dans le même tems je semai deux autres planches toutes pareilles *CD*, avec le même grain qui n'avoit eu aucune préparation, & de même que pour le froment préparé, une de ces planches *C*. étoit semée fort dru, & l'autre *D* fort claire.

Dans le tems de la moisson les planches où on avoit semé le froment préparé ressembloient si parfaitement aux autres, qu'il n'étoit pas possible de les distinguer sans avoir recours au registre d'expérience.

Un Gentil homme de nos voisins a voulu cette année éprouver ces mêmes infusions qu'il trouvoit extrêmement vantées dans les maisons rustiques : & comme ces Auteurs avancent qu'il suffit de donner un labour à la terre où on vient de recueillir du froment, & qu'on peut épargner un tiers de la semence; ce Gentilhomme pour suivre mot à mot les Auteurs, fit labourer une terre qui venoit de produire du froment; sur le champ il l'ensemença, en n'employant que 8 boisseaux de froment, au lieu de 12 qu'on a coutume de mettre pour chaque arpent; malgré les promesses

promesses admirables de beaucoup d'Auteurs qui se sont copiés les uns les autres, ce bled étoit si mauvais, qu'on n'a pas daigné en faire la récolte.

Comme je me suis proposé de rapporter toutes les expériences qui sont venues à ma connoissance, je ne dissimulerai point que M. Doixan Officier de la Marine, qui a une terre dans la province de Cornouaille en Bretagne, a semé avec du froment infusé dans du jus de fumier, la moitié d'une piece de terre qui étoit préparée à l'ordinaire pour recevoir ce grain; ainsi à cela près qu'il avoit retranché le tiers de la semence, tout étoit semblable dans les deux pieces de terre, dont l'une avoit été semée avec du froment sans préparation, & l'autre avec du froment préparé. M. Doixan m'a assûré que le froment préparé étoit sensiblement plus beau que l'autre ; malgré cette expérience qui a été faite par des gens dignes de foi & très-exacts, je n'oserois en conclurre rien de favorable pour les infusions ; parce que je sçais que dans les années où le froment talle beaucoup, les terres qui sont semées claires, produisent plus que les autres, pendant que dans d'autres années où les fromens tallent peu, ce sont les fromens semés dru qui sont les meilleurs. On ne peut donc rien conclurre d'une seule expérience ; mais M. Doixan m'a promis de la réitérer, & de m'apprendre quel en sera le succès. Ces sortes d'expériences ne peuvent être trop répétées, & elles le seront ; car M. Guettard, de l'Académie des Sciences, est chargé par M. le Duc d'Orléans de les suivre dans le parc de Bagnolet, que le Prince est charmé d'employer à des recherches qui peuvent être utiles au Public.

Pour terminer ce Mémoire, j'exhorte ceux qui voudront expérimenter cette nouvelle culture, à commencer par une petite quantité de terre; s'ils réussissent ils seront engagés à étendre cette culture; si le succès ne répond pas à leur attente, ils ne seront point rebutés, ils s'obstineront à surmonter les inconvéniens; car il s'en trouve nécessairement dans tous les établissemens nouveaux, & il n'y a qu'une sorte d'opiniâtreté qui les fasse surmonter.

Comme j'ai décrit à la fin de mon Ouvrage des charrues & des semoirs qui ne sont point en usage dans les provinces, on s'imaginera peut-être qu'il faut commencer avant toutes choses par se pourvoir de ces instrumens. Cela pourroit être vrai, s'il étoit question de changer tout d'un coup la culture d'une grosse ferme; mais quand il ne s'agit que de quelques pieces de terre, il ſuffit de bien employer les charrues qui ſont en uſage dans chaque province. Le but qu'on doit ſe propoſer eſt de rendre la terre meuble à une grande profondeur; pourvû qu'on parvienne à ce point, il eſt indifférent quel moyen on ait employé, & toutes les difficultés ſont levées quand on peut comme nous, faire labourer la terre à bras: néanmoins j'en ai fait labourer avec les charrues que nous appellons *à verſoir*; mais alors ſi je voulois que la terre fût remuée à une grande profondeur ſous les rangées de froment, je ferois paſſer deux fois la charrue dans le même ſillon.

Il eſt vrai que toutes les charrues ne ſont point auſſi propres les unes que les autres à bien labourer la terre; celles qui n'ouvrent la terre que comme un coin, ſont beaucoup inférieures à celles qui ont des coutres & des socs coupans : mais enfin quand on sçait ce qu'il faut faire, chacun doit essayer d'y parvenir par les moyens les plus commodes. Ce qu'il y a de plus embarrassant, c'est de distribuer convenablement la semence ; car on peut bien avec de la précaution semer à la main un petit champ, mais si cette culture réussissoit, & qu'on voulût l'établir en grand, il ne seroit pas possible de se passer d'un semoir qu'on auroit peine à faire construire sur la longue description qui se trouve dans la seconde Partie de mon Ouvrage : mais j'exhorte les amateurs d'agriculture à s'assûrer par des expériences en petit, des avantages de la nouvelle culture ; & comme M. le Duc d'Orleans qui s'intéresse à tout ce qui peut être utile aux Citoyens, en a fait venir un d'Angleterre, nous serons en état de le mieux décrire, même de le ſimplifier pour le mettre plus à la portée de tout le monde ; & j'oſe promettre que quand on ſera bien certain des avantages de la nouvelle culture, je fournirai les inſtrumens commodes pour la pratique en grand.

Il eſt bon de remarquer 1°. que j'ai évalué le poids du boiſſeau de froment à 21 livres, quoique le le poids du bled varie toutes les années : quelquefois la mine qui contient 4 boiſſeaux, peſant un peu moins de 80 livres, & d'autres années juſqu'à 86. livres.

2°. Si on ſe rappelle que j'ai dit dans mon Ouvrage que le produit des bonnes terres eſt au plus, année commune, de 5 pour 1, on ſera ſurpris de voir que dans l'expérience de Denainvilliers 10 boiſſeaux de froment non chotté, aient produit 90 boiſſeaux; ce qui fait 9 pour 1; & que dans l'expérience d'Acou la même quantité de 10 boisseaux en ait produit 133, ce qui fait 13 pour 1 : mais outre que cette année a été très-favorable pour les fromens, on ne doit jamais établir le produit commun des terres sur un petit lot cultivé par un Vigneron, parce que ce petit lot est ordinairement très-bien labouré, & toujours extrêmement fumé ; ce qui fait augmenter la récolte de trois & quatre fois celle des terres qu'on cultive en ferme.

3°. J'ai appris que dans quelques endroits du pays d'Aunis on donnoit au bled qui étoit en terre deux petits labours avec cet instrument que les jardiniers appellent *béquille :* comme cette province est très-peuplée, il en coûte peu pour faire donner cette façon par des femmes, & la récolte en est beaucoup meilleure, quoiqu'on détruise par ces labours beaucoup de pieds de froment. Cette pratique approche plus de notre culture que les méthodes qu'on ſuit en Beauſſe, en Brie & en Picardie.

Le Privilége eſt imprimé dans le Traité de la Culture des Terres.

www.ingramcontent.com/pod-product-compliance
Ingram Content Group UK Ltd.
Pitfield, Milton Keynes, MK11 3LW, UK
UKHW021043180726
13838UKWH00004B/1990

9 782329 378282